BEI GRIN MACHT SICH IHR WISSEN BEZAHLT

- Wir veröffentlichen Ihre Hausarbeit,
  Bachelor- und Masterarbeit

- Ihr eigenes eBook und Buch -
  weltweit in allen wichtigen Shops

- Verdienen Sie an jedem Verkauf

Jetzt bei www.GRIN.com hochladen und kostenlos publizieren

Bibliografische Information der Deutschen Nationalbibliothek:

Die Deutsche Bibliothek verzeichnet diese Publikation in der Deutschen National-
bibliografie; detaillierte bibliografische Daten sind im Internet über http://dnb.d-
nb.de/ abrufbar.

Dieses Werk sowie alle darin enthaltenen einzelnen Beiträge und Abbildungen
sind urheberrechtlich geschützt. Jede Verwertung, die nicht ausdrücklich vom
Urheberrechtsschutz zugelassen ist, bedarf der vorherigen Zustimmung des Verla-
ges. Das gilt insbesondere für Vervielfältigungen, Bearbeitungen, Übersetzungen,
Mikroverfilmungen, Auswertungen durch Datenbanken und für die Einspeicherung
und Verarbeitung in elektronische Systeme. Alle Rechte, auch die des auszugsweisen
Nachdrucks, der fotomechanischen Wiedergabe (einschließlich Mikrokopie) sowie
der Auswertung durch Datenbanken oder ähnliche Einrichtungen, vorbehalten.

Impressum:

Copyright © 2015 GRIN Verlag
Druck und Bindung: Books on Demand GmbH, Norderstedt Germany
ISBN: 9783668741355

Dieses Buch bei GRIN:

https://www.grin.com/document/429830

Johann Kristoph Kaup

Wie funktioniert der Merit-Order-Effekt? Energiemarkt Deutschland

GRIN Verlag

GRIN - Your knowledge has value

Der GRIN Verlag publiziert seit 1998 wissenschaftliche Arbeiten von Studenten, Hochschullehrern und anderen Akademikern als eBook und gedrucktes Buch. Die Verlagswebsite www.grin.com ist die ideale Plattform zur Veröffentlichung von Hausarbeiten, Abschlussarbeiten, wissenschaftlichen Aufsätzen, Dissertationen und Fachbüchern.

Besuchen Sie uns im Internet:

http://www.grin.com/

http://www.facebook.com/grincom

http://www.twitter.com/grin_com

FOM Hochschule für Oekonomie & Management

Studienzentrum Essen

Berufsbegleitender Studiengang zum

Bachelor of Arts in International Management

Wie funktioniert der Merit-Order-Effekt?

Lehrveranstaltung: Energiesektor, Wintersemester 2014

Semesterzahl: 5

Autor: Johann Kristoph Kaup

Bochum, 11. Februar 2015

Inhaltsverzeichnis

Abbildungsverzeichnis

Abkürzungsverzeichnis

CO_2	Kohlenstoffdioxid
ct	Cent
EE	Erneuerbare Energien
EEG	Erneuerbare-Energien-Gesetz
EU	Europäische Union
GW	Gigawatt
kWh	Kilowattstunde
KWK	Kraft-Wärme-Kopplung
min.	mindestens
Mrd.	Milliarden
NOAA	National Oceanic and Atmospheric Administration
sog.	sogenannt
StromEinspG	Stromeinspeisungsgesetz
TWh	Terawattstunde
WWF	World Wide Fund For Nature

1 Einleitung

Die Erde wird wärmer. „2014 ist das Jahr der Wärmerekorde", titelte Ende Oktober 2014 die Welt.[1] Im vergangenen Jahr fiel für vier Monate seit Beginn der Aufzeichnungen im Jahr 1880 der Wärmerekord. In ihrem Jahresbericht machte die National Oceanic and Atmospheric Administration (NOAA) darauf aufmerksam, dass die Temperatur in Deutschland im letzten Jahr 1,4 °C über dem Durchschnitt von 1981 bis 2010 lag.[2]

Der World Wide Fund For Nature (WWF) sieht Treibhausgase als größten Auslöser der globalen Erwärmung. Das wichtigste Treibhausgas ist in diesem Zusammenhang Kohlenstoffdioxid.[3] Den ersten politischen Schritt zur Einsparung von CO_2 stellt das Kyoto-Protokoll aus dem Jahr 1991 dar. Es enthält rechtsverbindliche Begrenzungs- und Reduzierungsverpflichtungen für die Industrieländer.[4] Neben 190 anderen Staaten unterschrieb auch die Bundesrepublik Deutschland das Protokoll.

Das selbstauferlegte Ziel der Bundesregierung ist eine Reduktion der Emissionen von mindestens 40 Prozent bis 2020. Um dieses Ziel zu erreichen, soll unter anderem der Ausbau nicht-konventioneller Stromerzeugung vorangetrieben werden. Dazu wurde das Gesetz für den Vorrang Erneuerbarer Energien verabschiedet.[5] Die daraus resultierende Förderung von Strom aus Erneuerbaren Energien führte 2013 nach Angaben des Bundesministeriums für Umwelt, Naturschutz und Reaktorsicherheit zu einem Anteil Erneuerbarer Energien am Bruttostromverbrauch Deutschlands von 23,5 Prozent.[6]

Doch welche Auswirkungen zieht die Verdrängung der konventionellen Stromerzeugung durch Erneuerbare Energien nach sich? Unter der Verdrängung von Kraftwerken versteht man die Reihenfolge der Einspeisung. Geregelt wird dies über die Merit-Order.[7]

---

[1] Die Welt (a) (2014).
[2] Vgl. NOAA National Climatic Data Center (2014).
[3] Vgl. WWF (2014).
[4] Vgl. Bundesministerium für Umwelt, Naturschutz, Bau und Reaktorsicherheit (2014).
[5] Vgl. Energierecht, BGBl. I S. 2074, EEG, S. 783.
[6] Vgl. Umweltbundesamt (Hrsg.)(2013).
[7] Vgl. Hungenberg, H. (2014), S. 30.

Wie der Merit-Order-Effekt funktioniert, wird in der vorliegenden Seminararbeit näher erläutert. Die Arbeit gliedert sich dabei im Wesentlichen in zwei Teile:

Im zweiten und dritten Kapitel werden gesetzliche und theoretische Grundlagen des Merit-Order-Effektes dargestellt. Dabei werden zunächst die Historie und die Entwicklung des EEG in den vergangenen Jahren näher betrachtet. Außerdem wird ein Blick auf den Inhalt des Gesetzestextes geworfen. Den Aspekten Einspeisemanagement und Marktprämie wird dazu besondere Aufmerksamkeit geschenkt. Das dritte Kapitel behandelt die Funktionsweise des Merit-Order-Effektes und stellt seine Berechnung dar.

Im Anschluss wird in Kapitel vier der deutsche Energiemarkt betrachtet. Im ersten Abschnitt, wird die Zusammensetzung des Strompreises erklärt. Darauf aufbauend folgt die Analyse der Stromkosten für deutsche Verbraucher im Verlauf der letzten beiden Jahrzehnte mit besonderem Hinblick auf die Auswirkung des EEG.

Zum Abschluss des vierten Kapitels folgt der Praxisteil. Zunächst werden die Veränderungen in der Industrie infolge der EEG-Einführung aufgezeigt. Anhand des Beispiels der RWE werden zunächst die Auswirkungen des EEG und anschließend die Gefahren dargestellt.

Das fünfte Kapitel fasst die Arbeit kurz zusammen. Zusätzlich zum Fazit wird ein Ausblick auf die zukünftigen Entwicklungen gegeben.

2 Erneuerbare-Energien-Gesetz

2.1 Historie

Der Weg hin zum heutigen EEG ist lang. 1991 tritt erstmals ein Stromeinspeisungsgesetz (StromEinspG) in der Bundesrepublik Deutschland in Kraft. Dieses regelt „die Verpflichtung für Stromversorger, Strom aus Erneuerbaren Energien abzunehmen und zu vergüten".[8] In dem Jahr lag der Anteil Erneuerbarer Energien an der Bruttostromversorgung in Deutschland bei 3,2 Prozent.[9]

Neun Jahre später tritt das erste Erneuerbare-Energien-Gesetz in Kraft und ersetzt ab 2000 das StromEinspG. Zielsetzung des neuen Gesetzes ist die Verdopplung des Anteils Erneuerbarer Energien innerhalb der Folgedekade. Zu dem Zeitpunkt liegt der Anteil bei 6,6 Prozent.

Anfang August 2004 hält die Änderung des EEG die Steigerung des Anteils Erneuerbarer Energien bis 2020 um 20 Prozent fest. Des Weiteren wird eine teilweise Senkung der Einspeisevergütung beschlossen. In der zweiten Neufassung vom 01. Januar 2009 wird der für 2020 geplante Anteil Erneuerbarer Energien an der Bruttostromversorgung von 20 auf 30 Prozent erhöht. Zum ersten Mal ist im Falle von Netzengpässen eine Entschädigung für die Anlagenbetreiber gesetzlich geregelt.

Einhergehend mit dem Beschluss zur Energiewende ändert die Bundesregierung im Juni 2011 neben dem Atomgesetz auch das EEG. Außerdem gibt es geänderte Regelungen zum Netzausbau. Ein knappes Jahr später tritt die Neufassung des EEG in Kraft. Die Ziele für den Ausbau sind nicht mehr unbedingt formuliert. Die neuen Vorstellungen der Bundesregierung legen einen Anteil Erneuerbarer Energien für 2020 (min. 35 Prozent) und 2030 (min. 50 Prozent) nur noch relativ fest. Außerdem wird die Markt- und Flexibilitätsprämie eingeführt.

Die jüngste europarechtskonforme Änderung des EEG von Anfang August 2014 führt den verpflichtenden Handel von Strom aus nicht-konventionellen Energien an der Strombörse ein. Dem vorausgegangen war ein Eckpunktepapier zur EEG-Reform von Sigmar Gabriel, dem Bundesminister für Wirtschaft und Energie. Dieses Papier brachte den sogenannten „atmenden Deckel" auf den Weg. Der an

---

[8] Bundesverband WindEnergie (2014).
[9] Vgl. Statista (a) (2015).

die Fotovoltaik-Förderung angelehnte Deckel sorgt für eine Absatzgarantie produzierter Windenergie.[10]

2.2 Inhalt

Das aus klimaschutzpolitischen Gründen eingeführte Erneuerbare-Energien-Gesetz regelt neben den Allgemeinen Bestimmungen über die Handhabung Erneuerbarer Energien in Deutschland auch technische und logistische Aspekte der Stromeinspeisung. In seiner aktuellsten Fassung enthält der Gesetzestext 104 Paragraphen und vier Anlagen.[11]

Unter der Handhabung Erneuerbarer Energien ist der Vorrang von Strom aus Wasserkraft, Deponie-, Klär- und Grubengas, Biomasse, Geothermie, Windkraft an Land und vor der Küste, sowie Photovoltaik gegenüber konventionellen Energieträgern gemeint. Erzeuger des Ökostroms besitzen eine Vergütungsgarantie, die die Betreiber deutscher Stromnetze dazu verpflichtet, nicht-konventionell erzeugten Strom bevorzugt zu behandeln.[12]

2.2.1 Einspeisemanagement

Ausnahmen von dem Vorrang Erneuerbarer Energien werden über das Einspeisemanagement geregelt. Der Netzbetreiber ist dazu befähigt, die Stromeinspeisung in sein Netz umstandsgemäß anzupassen.[13]

Abgesehen davon, dass die Betreiber per Gesetz dazu verpflichtet sind, ihre Netze auf aktuellstem Stand zu halten, sodass Strom aus Erneuerbaren Energien, Grubengas oder Kraft-Wärme-Kopplung zuverlässig und sicher an das System angeschlossen und durch dieses geleitet werden kann, besteht nach wie vor die Möglichkeit eines einspeisebedingten Netzengpasses.[14] Unter diesem Umstand darf der Betreiber die Einspeisung aus bevorzugten Anlagen unterbrechen. Infolge des Abstellens muss er jedoch für die Entschädigung der betroffenen Anlagenbetreiber aufkommen.[15]

Das jüngste Beispiel für einen solchen Netzengpass datiert vom zweiten Wochenende im Jahr 2015. Ein stürmisches Wochenende bescherte Deutschland

---

[10] Vgl. Die Welt (b) (2015).
[11] Vgl. Energierecht, BGBl. I S. 2074, EEG, §§1 ff., S. 785-786.
[12] Vgl. Energierecht, BGBl. I S. 2074, EEG, §16, S. 794.
[13] Vgl. Energierecht, BGBl. I S. 2074, EEG, §11, S. 792-793.
[14] Vgl. Energierecht, BGBl. I S. 2074, EEG, §9, S. 792.
[15] Vgl. Energierecht, BGBl. I S. 2074, EEG, §10, S. 792.

zu Beginn des Jahres einen Rekord in der Stromerzeugung aus Windkraft. Da die Netze auf diesen Überschuss nicht vorbereitet waren, mussten zahlreiche Windkraftanlagen aufgrund der Überlastung der Netze abgeschaltet werden.[16]

2.2.2 Marktprämie

Seit Anfang 2012 fördert das Bundesministerium die Marktintegration der Erneuerbaren Energien mit der Marktprämie. So soll die Direktvermarktung Erneuerbarer Energien gewährleistet werden.[17] Die Berechnung der Marktprämie ist der Anlage 1 des EEG 2014 zu entnehmen und lautet wie folgt:

$$\text{Marktprämie}$$
$$= fixe\ Einspeiseverg\"utung - Referenzmarktwert\ (bzw.Monatsmarktwert)$$

Die Direktvermarktung bedeutet, dass nun auch Strom aus Erneuerbaren Energien börslich gehandelt wird. Die Marktprämie dient dem Ausgleich zwischen der fixen Einspeisevergütung und dem an der Strombörse erzielten Marktpreis (oder Referenzwert). Im Vergleich zur fixen Einspeisevergütung aus der EEG-Vergütung, enthält das Marktprämienmodell drei Bestandteile. Der Preis an der Strombörse, zuzüglich der Marktprämie, sowie die Managementprämie und Regelenergie.

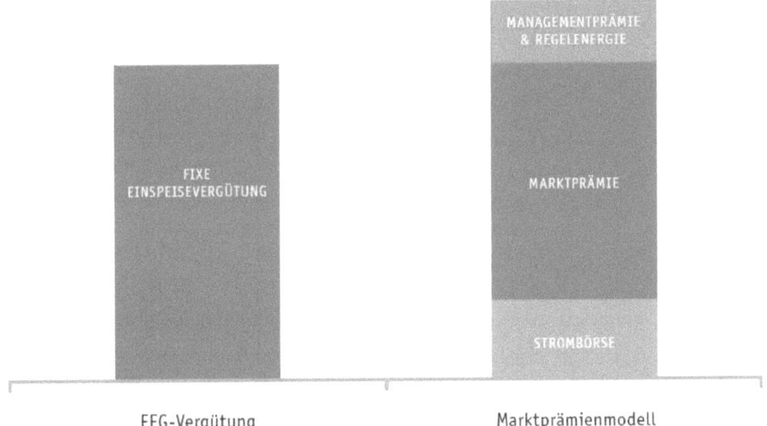

Abbildung 1 EEG-Vergütung und Marktprämienmodell 2012[18]

---

[16] Vgl. Die Welt (c) (2015).
[17] Vgl. Energierecht, BGBl. I S. 2074, EEG, §33, S. 811-816.
[18] Next Kraftwerke (2014).

3 Merit-Order-Effekt

3.1 Funktionsweise

Politische Maßnahmen zur Förderung Erneuerbarer Energien, aber auch der Ausbau dieser im Allgemeinen nehmen in der Stromerzeugung Auswirkung auf den Strommarkt. Diese Auswirkungen werden als Merit-Order-Effekt bezeichnet. Der Merit-Order-Effekt nimmt infolge der gesetzlich geregelten Verdrängung kostenintensiver Energieträger auf der einen Seite als Preiseffekt Einfluss auf den Strompreis. Auf der anderen Seite wird unter der Merit-Order die Einsatzreihenfolge der Kraftwerke zur Stromerzeugung verstanden.[19]

Die Funktionsweise des Merit-Order-Effektes wird anhand folgenden Beispiels deutlich. Angenommen, die Stromerzeugung in einer Region besteht aus den konventionellen Energieträgern (siehe Abbildung 1).

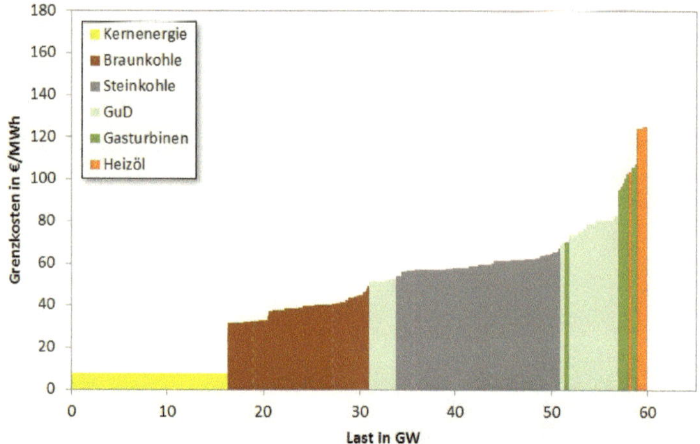

Abbildung 2 Merit-Order des deutschen konventionellen Kraftwerkparks im Jahr 2008[20]

Im Vergleich zu Erneuerbaren Energien sind die variablen Grenzkosten dieser Energieträger jedoch höher. Kann eine Windkraftanlage durch starken Wind in der Nähe dieser Region genügend Energie liefern, verdrängt die Windraftanlage im Rahmen des EEG nun den Einsatz der teuersten zugeschalteten Anlagen. In Abbildung 1 werden in diesem Fall mit Gas und Öl betriebene Kraftwerke aufgrund ihrer vergleichsweise hohen Kosten verdrängt.

---

[19] Vgl. Gabler Wirtschaftslexikon (2015).
[20] Forschungsstelle für Energiewirtschaft e. V. (2008).

Auf den ersten Blick gehen zunächst zwei Energieträger vom Netz und werden durch einen anderen ersetzt. Da der verdrängende Energieträger, in diesem Fall ist das die Windkraftanlage, allerdings geringere variable Kosten aufweist als die Gas- und Öl-Kraftwerke, vergünstigt sich simultan der Strompreis der Region.

Wie stark sich der Merit-Order-Effekt auswirkt, liegt an der gegenwärtigen Nachfrage. Da Strom nicht speicherbar ist, decken die Kraftwerke lediglich die nachgefragte Energie ab. Somit sind die beiden Faktoren, die die Höhe des Effektes bestimmen, die Nachfrage und die damit verbundene Einspeisung in das Stromnetz.[21]

3.2 Berechnung

Zur Berechnung des Merit-Order-Effektes, dient folgende Formel:

$$M = \sum_{h=1}^{h=8760} \{Nh * (Ph\ mit\ EEG - Ph\ ohne\ EEG)\}$$

Dabei sind M = Merit-Order-Effekt, N = Stromnachfrage, P = Marktpreis und h = Stunde.

Die Berechnung der Höhe des Merit-Order-Effektes für das zu analysierende Jahr basiert auf dem Vergleich zwischen den Marktpreisen der Stromerzeugung mit EEG und den Marktpreisen ohne EEG. Dabei handelt es sich um simulierte Strompreise. Unter der Berücksichtigung von Vorfällen in den Kraftwerken wird die stundenbasierte Nachfrage mit der Differenz aus den Preisen mit und ohne EEG multipliziert und für das gesamte Jahr, also 8760 Stunden, aufsummiert.[22]

Für 2010 lag der Effekt bei 2,8 Mrd. Euro. Um diesen Wert hat sich der Preis für Strom aufgrund der Einspeisung nicht-konventioneller Energieträger anstelle der Energie aus kostenintensiveren Kraftwerken verringert. Im Vergleich zu den Vorjahren fällt dieser Wert jedoch geringer aus.

---

[21] Vgl. Monopolkommission (2009), S. 48.
[22] Sensfuß, F. (2011), S. 5.

4 Energiemarkt Deutschland

4.1 Strompreis

4.1.1 Zusammensetzung

Der Strompreis in Deutschland setzt sich aus verschiedenen Komponenten zusammen. Diese Komponenten gliedern sich zunächst in den Preis für die Energieerzeugung, Beschaffung und Lieferung. Das macht den größten Anteil von 25,1 Prozent aus. Der zweite große Kostenfaktor entfällt auf das regulierte Entgelt für die Netznutzung in Höhe von 20,4 Prozent. Darüber hinaus fallen verschiedene Abgaben, Umlagen und Steuern an. Hier ist die EEG-Umlage mit 21,4 Prozent der kostenintensivste Bestandteil des Strompreises. Der viertgrößte Anteil entfällt mit 16 Prozent auf die Mehrwertsteuer. Die Öko-/Stromsteuer (7 Prozent), Konzessionsabgabe (5,8 Prozent), Offshore- (0,9 Prozent) und KWK-Umlage (0,6 Prozent) bilden neben weiteren kleinen Umlagen den Rest.[23]

Der deutsche Bundesbürger zahlt 52,4 Prozent des Strompreises in Form von Steuern, Abgaben und Umlagen an den Staat. Bei einem Strompreis von 29,13 ct/kWh in 2014 macht das 15,26 ct/kWh aus. Im Bereich der Strombeschaffung und dessen Vertrieb haben die Stromversorger vom Markt gegebenen Spielraum. Diese Komponente macht rund ein Viertel des Strompreises aus.

4.1.2 Entwicklung

Die Strompreisentwicklung der Jahre 1998 bis 2012 (Abbildung 2) zeigt, dass die Kosten für Strom ab der Jahrtausendwende jährlich gestiegen sind. Neben steigenden Kosten in der Erzeugung und dem Vertrieb der Energie in Deutschland, trägt auch die jährlich steigende EEG-Umlage bei. Diese nimmt sukzessive einen größeren Anteil am Bruttostrompreis ein. Die Umlage für KWK ist hingegen konstant.

---

[23] Vgl. BDEW (2014)

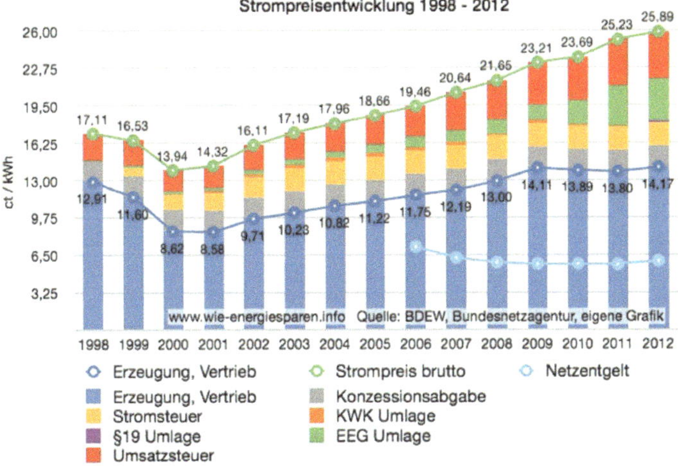

Abbildung 3 Entwicklung des Strompreises 1998-2012[24]

4.2 Praxisbeispiel

4.2.1 Veränderungen durch das EEG in der Industrie

Infolge der Einführung des Erneuerbare-Energien-Gesetz kam es zu großen Veränderungen in der Vermarktung auf dem Großhandelsmarkt. Nachdem viele Kraftwerke zum Klimaschutz umgerüstet wurden und Kraftwerke mit EE an das deutsche Stromnetz angeschlossen wurden, betrug die theoretische Maximallast deutscher Kraftwerke, die den Strom aus EE erzeugen, im Jahr 2012 rund 79 GW.

In der Theorie deckt dieser Wert den deutschen Strombedarf. Dieser liegt durchschnittlich bei 67,8 GW. Jedoch haben die EE einen entscheidenden Nachteil. Je nach Witterungslage können Kraftwerke mit EE nicht einspeisen. Das ist der Fall, wenn weder die Sonne noch scheint (keine Solarenergie), noch Wind weht (keine Windenergie).

Ist das der Fall sinkt die Stromerzeugung aus EE auf ca. 10 GW ab. Andere Energieträger müssen die Nachfrage deutscher Haushalte und der Industrie decken. Nachdem durch den Merit-Order-Effekt der Strompreis zunächst sank, erhöht er sich in Zeiten großer Schwankungen im EE-Anteil an der Stromerzeugung.[25]

---

[24] BDEW (2014)
[25] Vgl. Graeber, D. (2013), S. 30.

4.2.2 Bilanzpressekonferenz der RWE AG

Am 4. März 2014 hat die RWE AG ihre Bilanzpressekonferenz für das Geschäftsjahr 2013 in Essen gehalten. Der Konzern, der laut eigener Aussage vorweg geht, stellt sich darin als Partner der Energiewende in vielerlei Hinsicht dar. Sowohl auf der Seite der Produktion und Logistik in Form von Kraftwerken und Stromnetzen, als auch als Vertrieb für Energie unterstützt RWE die Bundesregierung in der klimapolitischen Marschroute.[26]

Dennoch fuhr RWE erstmals seit 60 Jahren einen Nettoverlust ein. Als ersten Punkt in der Begründung hierfür führen die Vorsitzenden einen Einbruch bei der konventionellen Stromerzeugung an. Die RWE AG belastet laut eigener Aussage die Verdrängung konventioneller Kraftwerke durch Erneuerbare Energien. Dem begegnet der Konzern neben der Stilllegung eines Kohlekraftwerks auch durch die langfristige Konservierung von Gaskraftwerken.

Dennoch steht das Ziel, Partner der Energiewende zu sein, weiter im Fokus. Die RWE-Tochter Innogy wird nach dem vierten Platz in 2013 in diesem Jahr europaweit durch den Neubau von Anlagen zu den drei größten Offshore-Betreibern gehören. Aus ökonomischer Sicht sind die Stromnetze, die von der RWE bereitgestellt werden, am effizientesten. Laut eigener Aussage wird über ihre Netze die meiste Energie transportiert. Da nur rund 60 Prozent der eingespeisten Energie wirklich beim Endkunden landet, ist die Netzeffizienz ein enormer Faktor wirtschaftlicher Leistungsfähigkeit.

Zum Abschluss der Konferenz macht sich die RWE für bezahlbaren Strom für Industrie und Privathaushalte stark. Das soll über eine weitere EEG-Reform geschehen. Auch das interne Problem der Verdrängung konventioneller Energieträger wird aufgegriffen. Im Rahmen der Versorgungssicherheit soll die Vorhaltung von Kraftwerken vergütet werden.

4.2.3 Umsetzung im Jahr 2014

Das Hauptziel, die Tochter Innogy in eine stärkere Marktposition zu bringen, ist gescheitert. Aufgrund ausgebliebener Gewinne mit Wind- und Solarkraft mussten die Investitionen nach unten angepasst werden. Hans Bünting, Chef der RWE-Tochter, peilte im Jahr zuvor noch Investitionen in Höhe von rund einer Mrd. Euro

---

[26] Vgl. RWE AG, Bilanzpressekonferenz (2014).

an. Ein knappes Jahr später ist davon nicht einmal mehr die Hälfte übrig.[27] Auch aufgrund der Grenzkostenrechnung ist die hohe Konzentration an Gaskraftwerken bei der RWE kritisch zu sehen. Durch die Merit-Order zählt diese Kraftwerksform zu den ersten Kandidaten, die durch Erneuerbare Energien „rausfällt".

4.3 EEG-Umlagebefreiung

Ein weiterer Aspekt, der im Zusammenhang mit Erneuerbaren Energien zu betrachten ist, ist die Folge der Ausgleichszahlungen des Staates, bzw. die daraus resultierende Umlagebefreiung. Befreit werden per Gesetz Braunkohlekraftwerke. Insbesondere im Hinblick auf die klimapolitischen Ziele der Bundesrepublik Deutschland ist diese Ausnahme im Gesetz kritisch zu sehen.

Wie in Abbildung 4 zu sehen ist, profitieren dadurch Unternehmen aufgrund ihrer Versorgungsstruktur. Allen voran RWE und Vattenfall streichen jährlich dreistellige Millionenbeträge durch diese Gesetzgebung ein.

Das hilft vor allem der RWE, die durch die Befreiung große Vorteile im Vergleich zur Konkurrenz genießt, da ihr Kraftwerkspark nach wie vor mit Braunkohlekraftwerken gespickt ist.

---

[27] Vgl Die Welt (d) (2014).

Profiteure der EEG-Umlagebefreiung
für Braunkohlekraftwerke

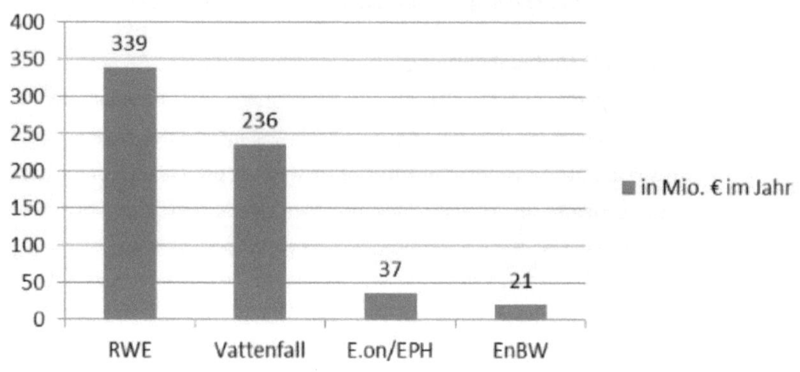

Abbildung 4 Profiteure der EEG-Umlagebefreiung[28]

Das eigentliche Ziel des EEG, Erneuerbare Energien zu priorisieren, wird im auf dieses Beispiel demnach verfehlt. So wurde in den beiden vergangenen Jahren die höchste Stromerzeugung durch Braunkohlekraftwerke seit zwei Jahrzehnten verbucht. 2012 und 2013 wurden 161 TWh aus dem fossilen Energieträger erzeugt. Dieser Wert wurde zuletzt 1990 erreicht.[29]

---

[28] Bund für Umwelt und Naturschutz Deutschland (2014), S. 2.
[29] Statista (b) (2015).

5 Fazit

Deutschland befindet sich auf einem guten Weg, seine ambitionierten klimapolitischen Ziele zu erreichen. Die kontinuierliche Anpassung des EEG macht Eingriffe der Politik kurzfristig möglich.

Im Laufe der letzten beiden Jahrzehnte wurde das Gesetz zur Priorisierung Erneuerbarer Energien kontinuierlich verbessert und Regelungen wurden präziser formuliert. Insbesondere die Einführung der Marktprämie 2012 verhilft den Erneuerbaren Energien dazu, anteilig weiter zu steigen.

Der Merit-Order-Effekt kommt in Zeiten günstiger Witterungsbedingungen dem Endverbraucher in Form von Vergünstigungen zugute. Dennoch trägt der Endkunde weiterhin einen großen Anteil staatlicher Gelder, um die Ziele der Klimapolitik zu erreichen.

Anhand des Beispiels der RWE ist zu sehen, wie sehr der Merit-Order-Effekt den Stromerzeugern zu schaffen machen kann, die ihren Kraftwerkspark nicht umgestaltet haben.

Allerdings gilt es, wie anhand des Beispiels der EEG-Befreiung in Bezug auf Braunkohle zu sehen ist, Lücken im Gesetz zu eliminieren, damit die Energiewende in Deutschland erfolgreich sein kann.

Literaturverzeichnis

BDEW-Strompreisanalyse Juni 2014, Haushalte und Industrie, Berlin, 20. Juni 2014, Grafik S. 6, Angaben in ct/kWh bei einem Verbrauch von 3.500 kWh/a; Stand: 05/2014

Bund für Umwelt und Naturschutz Deutschland (Hrsg.)(2014): 468 Millionen Euro im Jahr für RWE Klimakiller durch EEG-Reform, in: http://www.bund-nrw.de/fileadmin/bundgruppen/bcmslvnrw/PDF_Dateien/Themen_und_Projekte/Braunko hle/Braunkohlenkraftwerke/2014_06_18_BUND-Analyse_EEG-Privilegierung_RWE_Braunkohle_web.pdf (20.01.2015)

Bundesministerium für Umwelt, Naturschutz, Bau und Reaktorsicherheit (Hrsg.)(2014): Kyoto-Protokoll , in: http://www.bmub.bund.de/themen/klima-energie/klimaschutz/internationale-klimapolitik/kyoto-protokoll/ (18.01.2015)

Bundesministerium für Umwelt, Naturschutz, Bau und Reaktorsicherheit (Hrsg.)(2014): Nationale Klimapolitik, in: http://www.bmub.bund.de/themen/klima-energie/klimaschutz/nationale-klimapolitik/ (18.01.2015)

Bundesverband WindEnergie (Hrsg.)(2014): Geschichte des EEG, in: http://www.wind-energie.de/themen/eeg/geschichte-des-eeg (19.01.2015)

Die Welt (a) (Hrsg.)(2014): 2014 ist das Jahr der Wärmerekorde, in: http://www.welt.de/wissenschaft/article133506045/2014-ist-das-Jahr-der-Waermerekorde.html (18.01.2015)

Die Welt (b) (Hrsg.)(2015): Windbranche reicht Gabriels Absatzgarantie nicht, in: http://www.welt.de/wirtschaft/article124030403/Windbranche-reicht-Gabriels-Absatzgarantie-nicht.html (19.01.2015)

Die Welt (c) (Hrsg.)(2015): „Elon" und „Felix" kosten Verbraucher Millionen, in http://www.welt.de/wirtschaft/energie/article136300154/Elon-und-Felix-kosten-Verbraucher-Millionen.html (17.01.2015)

Die Welt (d) (Hrsg.)(2014): RWE kürzt erneuerbare Energien zusammen, in: http://www.welt.de/wirtschaft/article123898522/RWE-kuerzt-erneuerbare-Energien-zusammen.html (20.01.2015)

Energierecht, BGBl. I S. 2074, EEG (2009): Erneuerbare-Energien-Gesetz vom 25.10.2008, zuletzt geänd. durch Art. 1 G zur Neuregelung des Rechtsrahmens für die

Förderung der Stromerzeugung aus erneuerbaren Energien vom 28.07.2011 (BGBl. I S. 1634)

Forschungsstelle für Energiewirtschaft e. V. (FfE)(Hrsg.)(2008): Merit-Order des deutschen konventionellen Kraftwerksparks im Jahr 2008

Graeber, D. (2014): Handel mit Strom aus Erneuerbaren Energien, 1. Aufl., Stuttgart 2014, S. 30

Hungenberg, H. (2014): Strategisches Management in Unternehmen: Ziele - Prozesse – Verfahren, 8. Aufl., Heidelberg 2014, S. 30

Monopolkommission (2009): Strom und Gas 2009: Energiemärkte im Spannungsfeld von Politik und Wettbewerb, 1. Aufl., Baden-Baden 2009., S. 48

Next Kraftwerke (Hrsg.)(2014): Marktprämie, in: https://www.next-kraftwerke.de/wissen/direktvermarktung/marktpraemie (11.02.2015)

NOAA National Climatic Data Center (Hrsg.)(2014): State of the Climate: Global Analysis for Annual 2014, in: http://www.ncdc.noaa.gov/sotc/global/2014/13 (18.01.2015)

RWE AG (Hrsg.)(2014): Bilanzpressekonferenz der RWE AG für das Geschäftsjahr 2013, in: http://www.rwe.com/app/wartung/hv2014/bpk_doks/Charts_zur_Bilanzpresskonferenz.pdf (20.01.2015)

Sensfuß, F. (2011): Analysen zum Merit-Order-Effekt erneuerbarer Energien, Karlsruhe 2011, S. 5

Springer Gabler Verlag (Hrsg.): Gabler Wirtschaftslexikon, Stichwort: Merit-Order Effekt, in: http://wirtschaftslexikon.gabler.de/Archiv/596505843/merit-order-effekt-v3.html (20.01.2015)

Statista (a) (Hrsg.)(2015): Anteil Erneuerbarer Energien an der Bruttostromerzeugung in Deutschland in den Jahren 1990 bis 2014, in: http://de.statista.com/statistik/daten/studie/1807/umfrage/erneuerbare-energien-anteil-der-energiebereitstellung-seit-1991/ (20.01.2015)

Statista (b) (Hrsg.)(2015): Bruttostromerzeugung aus Braunkohle in Deutschland in den Jahren 1990 bis 2014 (in Terawattstunden), in:

http://de.statista.com/statistik/daten/studie/180854/umfrage/stromerzeugung-aus-braunkohle-in-deutschland-seit-1990/ (11.02.2015)

Umweltbundesamt (Hrsg.)(2013): Zunahme der Energieerzeugung aus erneuerbaren Energien, in: http://www.umweltbundesamt.de/daten/energiebereitstellung-verbrauch/anteile-der-erneuerbaren-energietraeger (18.01.2015)

WWF (Hrsg.)(2014): Was bedeutet globale Erwärmung?, in: http://www.wwf.de/themen-projekte/klima-energie/klimawandel/die-verursacher/ (18.01.2015)

BEI GRIN MACHT SICH IHR WISSEN BEZAHLT

- Wir veröffentlichen Ihre Hausarbeit,
  Bachelor- und Masterarbeit

- Ihr eigenes eBook und Buch -
  weltweit in allen wichtigen Shops

- Verdienen Sie an jedem Verkauf

Jetzt bei www.GRIN.com hochladen
und kostenlos publizieren